画说工伤预防宣传教育丛书

画说 工伤预防

（基础知识篇）

"画说工伤预防宣传教育丛书"编写组

邢 磊　王琛亮　时 文　张 兰　马卫国
佟瑞鹏　杨会芹　高 岱　皮中琴　候林峰

中国劳动社会保障出版社

图书在版编目（CIP）数据

画说工伤预防．基础知识篇／"画说工伤预防宣传教育丛书"编写组编．－－北京：中国劳动社会保障出版社，2022

（画说工伤预防宣传教育丛书）

ISBN 978-7-5167-0488-2

Ⅰ.①画… Ⅱ.①画… Ⅲ.①工伤事故－预防－普及读物 Ⅳ.①X928.03-64

中国版本图书馆 CIP 数据核字（2022）第 156751 号

中国劳动社会保障出版社出版发行

（北京市惠新东街 1 号 邮政编码：100029）

＊

北京市白帆印务有限公司印刷装订　新华书店经销

787 毫米×1092 毫米　16 开本　7 印张　100 千字
2022 年 9 月第 1 版　2022 年 9 月第 1 次印刷

定价：30.00 元

读者服务部电话：（010）64929211/84209101/64921644
营销中心电话：（010）64962347
出版社网址：http://www.class.com.cn

版权专有　　侵权必究

如有印装差错，请与本社联系调换：（010）81211666
我社将与版权执法机关配合，大力打击盗印、销售和使用盗版图书活动，敬请广大读者协助举报，经查实将给予举报者奖励。

举报电话：（010）64954652

前　言

近年来，随着经济社会的快速发展和人们生活水平的提高，人们越来越重视职业安全和健康问题。习近平总书记多次强调，要坚持人民至上、生命至上，把保护人民生命安全摆在首位。由于当前我国经济仍处于高速发展期，工伤事故和职业病频发，严重威胁职工群众生命安全和身体健康。因此，做好工伤预防，从源头上防止工伤事故和职业病的发生，成为保障职工群众生命安全和身体健康的关键。

工伤预防是工伤保险制度的重要组成部分，在强化安全生产、促进经济发展和维护社会稳定等方面发挥着重要的积极作用。为切实做好"十四五"时期工伤预防工作，更好发挥工伤保险积极功能，2021年1月，人力资源社会保障部等八部门联合印发《工伤预防五年行动计划（2021—2025年）》（以下简称《行动计划》），要求以习近平新时代中国特色社会主义思想为指导，坚持以人民为中心的发展思想，完善"预防、康复、补偿"三位一体的制度体系，把工伤预防作为工伤保险优先事项，切实提升工伤预防意识和能力，促进职工群众实现稳定就业，促进经济社会持续健康发展。《行动计划》指出，要从关注关爱职工群众生命安全和职业健康的视角，以职工群众易于接受、感染力强的形式全面加强工伤预防宣传教育，实现从"要我预防"到"我要预防""我会预防"的转变。

为进一步提升职工群众的工伤预防意识，增强事故预防、职业病防治及自救互救技能，中国劳动社会保障出版社组织编写了"画说工伤预防宣传教育丛书"，包含《画说工伤预防（基础知识篇）》《画说工伤预防（职业病防治篇）》《画说工伤预防（个人防护篇）》《画说工伤预防（应急与救护篇）》4个分册。为使丛书内容更易于被职工群众所接受，本套丛书以漫画形式展开，以图释文，力求以直观生动的配图、浅显易懂的语言、新颖活泼的版式讲述工伤预防的政策法规、权利义务，安全生产事故与工伤事故的防范知识与技能，典型事故案例警示教育等。

本套丛书内容具体，面向基层，面向大众，注重实用性，紧密联系实际，可作为社会保险行政部门开展工伤保险、工伤预防社会宣传的普及读物，也可供企业开展工伤预防和安全生产教育培训使用。

目 录

第一章 提升预防意识 1

1. 你知道工伤保险吗？ 1
2. 为什么要做好工伤预防？ 2
3. 你可以享有哪些工伤预防的权利？ 3
4. 你应该履行哪些工伤预防的义务？ 5
5. 你有过这些不安全行为吗？——要杜绝 6
6. 你存在这些不安全心理吗？——要避免 8
7. 工伤预防中"反三违""四不伤害""四不放过"是指什么？ 9
8. 签订劳动合同时应注意哪些有关劳动保护权益的事项？ 10

第二章 严守作业安全 11

9. 你认识安全色和安全标志吗？ 11
10. 你用过这些劳动防护用品吗？ 13
11. 使用劳动防护用品要注意什么？ 14
12. 如何正确佩戴安全帽？ 15
13. 如何正确使用安全带？ 16
14. 电对人体会产生怎样的危害？ 17
15. 作业场所安全用电注意事项有哪些？ 18
16. 静电和雷电会造成哪些危害？ 20
17. 使用手持电动工具应遵守哪些安全防护措施？ 21
18. 你周边发生过这些机械伤害工伤事故吗？ 23
19. 防止机械伤害的工伤预防措施有哪些？ 24
20. 切削加工安全操作注意事项有哪些？ 27

21. 冲压加工安全操作注意事项有哪些？ 29
22. 钳工安全操作注意事项有哪些？ 30
23. 砂轮机安全操作注意事项有哪些？ 32
24. 生产中引起火灾和爆炸的常见点火源有哪些？ 34
25. 防火防爆应注意哪些预防要点？ 35
26. 动火作业应遵守哪些安全管理要求？ 36
27. 焊工作业的"十不焊"是指什么？ 38
28. 生产中使用易燃易爆物品有哪些安全要求？ 39
29. 你接触过危险化学品吗？它们会有哪些危害？ 41
30. 危险化学品装运应遵守哪些安全规定？ 42
31. 危险化学品储存应遵守哪些安全规定？ 44
32. 你会拨打火警电话吗？ 45
33. 火灾有哪些类型？你会选择灭火器材吗？ 46
34. 如何正确使用干粉灭火器？ 48
35. 如何维护保养消防器材？ 49
36. 起重作业应遵守哪些安全规定？ 50
37. 场（厂）内专用机动车辆作业应遵守哪些安全规定？ 53
38. 上下班交通安全怎么做？ 55
39. 建筑施工高处作业应遵守哪些安全规定？ 57
40. 建筑施工拆除作业应遵守哪些规定？ 59
41. 建筑施工中如何预防坍塌事故？ 61
42. 建筑施工中如何预防物体打击事故？ 63
43. 煤矿入井安全注意事项有哪些？ 66
44. 井下如何安全乘车与行走？ 67
45. 如何预防瓦斯爆炸和煤尘爆炸事故？ 69
46. 如何预防煤矿顶板事故？ 71
47. 如何预防井下火灾事故？ 72

48. 如何预防井下水灾事故？ 73
49. 井下发生事故时如何紧急避灾？ 74

第三章　谨保职业健康 76

50. 你了解职业病吗？ 76
51. 你享有哪些职业健康权利？ 77
52. 你的岗位存在这些职业性有害因素吗？ 78
53. 生产性粉尘会对人体造成哪些危害？ 80
54. 生产性粉尘危害的预防措施有哪些？ 81
55. 生产性毒物会对人体造成哪些危害？ 83
56. 生产性毒物危害的预防措施有哪些？ 85
57. 生产性噪声会对人体造成哪些危害？ 86
58. 生产性噪声危害的预防措施有哪些？ 87
59. 高温作业会对人体造成哪些不利影响？ 88
60. 防暑降温措施主要有哪些？ 89

第四章　科学应急救护 90

61. 事故现场应急救护的基本原则是什么？ 90
62. 怎样做口对口（鼻）人工呼吸？ 92
63. 胸外心脏按压法的基本要领是什么？ 94
64. 发生触电怎样急救？ 95
65. 发生火灾如何避险与逃生？ 96
66. 发生生产性中毒窒息事故如何救护？ 99
67. 发生热烧伤如何救护？ 100
68. 发生眼外伤如何救护？ 102
69. 发生高处坠落事故如何救护？ 103
70. 发生中暑如何救护？ 104

第一章 提升预防意识

1. 你知道工伤保险吗？

工伤保险是社会保险的重要组成部分，它通过社会统筹建立工伤保险基金，对保险范围内的职工（劳动者）因在生产经营活动中所发生的或在规定的情形下遭受意外伤害、职业病，以及因这两种情况造成职工死亡、暂时或永久丧失劳动能力时，职工或其近亲属能够从国家、社会得到必要的物质补偿，以保证职工或其近亲属的基本生活，并为工伤职工提供必要的医疗救治和康复服务。工伤保险可分散用人单位的工伤风险。

小贴士：工伤保险费应由用人单位按时足额缴纳。职工个人不缴费！

2. 为什么要做好工伤预防？

工伤预防是建立健全工伤预防、工伤补偿和工伤康复三位一体工伤保险制度的重要内容，是指采取管理、技术、教育等措施事先防范职工伤亡事故以及职业病的发生，减少事故隐患，改善和创造有利于健康的、安全的生产环境和工作条件，保护职工的生命安全和身体健康，促进经济建设和社会发展。

 **小贴士**

有人用"10 000…"来比喻人的一生，其中的"1"代表生命和健康，"0"代表学业、事业、财富和家庭等。但请你记住——生命和健康是无价的，一旦失去不再回来，无数事实告诉我们，只有保证了"1"，才能拥有更多的"0"！

3. 你可以享有哪些工伤预防的权利？

（1）有权要求用人单位为你依法参加工伤保险，缴纳工伤保险费。

（2）有权了解作业场所及工作岗位存在的危险和有害因素、事故防范和应急措施。

（3）有权获得保障自身安全、健康的劳动条件和劳动防护用品。

（4）有权对用人单位管理人员违章指挥、强令冒险作业予以拒绝。

（5）有权在直接危及人身安全的紧急情况下（对生命安全和身体健康造成直接的重大威胁）停止作业和紧急撤离。

（6）有权对用人单位危害生命安全和身体健康的行为提出批评、检举和控告。

（7）作业环境存在职业病危害因素的职工有权获得职业健康检查。

4. 你应该履行哪些工伤预防的义务？

（1）有义务接受事故预防和职业病防治的教育和培训，掌握工伤预防知识，提高工伤预防技能，增强事故应急处理能力。

（2）有义务遵守用人单位劳动纪律、安全生产规章制度和岗位操作规程，听从指挥，服从管理。

（3）有义务在发现事故隐患和不安全因素时，及时报告。

（4）有义务正确佩戴和使用劳动防护用品。

5. 你有过这些不安全行为吗？——要杜绝

（1）操作错误、忽视安全、忽视警告。如未经许可开动、关停、移动机器，无视警告标志和警告信号，违章驾车，酒后作业等。

（2）造成安全防护装置失效。如违规拆除安全防护装置。

（3）使用不安全设备。如临时使用不牢固的设施、无安全防护装置的设备。

（4）用手代替工具操作。如用手清除切屑，手持工件进行机加工。

（5）物体存放不当。如车间内成品、半成品、材料、工具堆放混乱。

（6）冒险进入危险场所。如未经许可进入有限空间内作业。

(7)攀、坐不安全位置。如攀、坐平台护栏、汽车挡板、吊车吊钩等。

(8)在起吊物下作业、停留。

(9)在机器运转时进行加油、修理、检查、调整、焊接、清扫等作业。

(10)注意力分散。

(11)未按规定使用劳动防护用品、用具。

(12)不安全装束。如在有旋转零部件的设备旁作业时穿肥大服装,操作带有旋转零部件的设备时戴手套,长发露出安全帽等。

(13)对易燃易爆等危险物品处理错误。

以后再也不攀玩吊车的吊钩了。

 **6. 你存在这些不安全心理吗？——要避免**

（1）自我表现心理——"虽然我进厂时间短，但我年轻、聪明，干这活儿不在话下……"

（2）经验心理——"多少年一直是这样干的，干了多少遍了，能有什么问题……"

（3）侥幸心理——"这机器的安全防护罩太碍事，先拆下来干，哪有那么巧就出事了……"

（4）从众心理——"他们都没戴安全帽，我也不戴了……"

（5）逆反心理——"凭什么听班长的呀，今儿我就这么干，我就不信会出事……"

 **7. 工伤预防中"反三违""四不伤害""四不放过"是指什么?**

反三违——要坚决禁止违章指挥、违章作业和违反劳动纪律。

四不伤害——努力做到不伤害自己、不伤害他人、不被他人伤害、保护他人不受伤害。

四不放过——工伤事故处理,要坚持事故原因分析不清楚不放过、事故责任者没有受到严肃处理不放过、广大职工群众没有受到教育不放过、防范整改措施没有落实不放过。

8. 签订劳动合同时应注意哪些有关劳动保护权益的事项？

关于劳动保护权益，在签订劳动合同时应注意两方面的事项：第一，在合同中要载明保障劳动安全、防止职业病危害的事项；第二，在合同中要载明依法参加工伤保险的事项。

要辨清以下的合同陷阱：

（1）"生死合同"。合同有逃避安全生产责任的条款，如"发生伤亡事故，单位概不负责"。

（2）"暗箱合同"。合同故意隐瞒工作过程中存在严重职业病危害因素。

（3）"霸王合同"。合同只强调用人单位利益和劳动者的义务，无视劳动者依法应享有的权益。

（4）"双面合同"。为应付有关部门的检查，做阴阳两面合同，欺瞒造假。

第二章 严守作业安全

9. 你认识安全色和安全标志吗？

安全色是用来传递安全信息含义的颜色，包括红、黄、蓝、绿四种颜色。红色表示禁止、停止；黄色表示警告、注意；蓝色表示指令、遵守；绿色表示安全、提示。

安全标志是由安全色、几何形状和图形符号构成，用来表达特定安全信息的标志。安全标志能够提醒人们预防危险，从而避免事故发生；当发生危险时，能够指示人们尽快逃离，或者指示人们采取正确、有效、得力的措施，对危险加以遏制。

安全标志要挂在醒目的地方。

小贴士

安全标志一般设置在醒目的地方，使人们能够准确知晓它所代表的安全信息。安全标志不能设置在门、窗、架子等可移动的物体上，因为这些物体的位置被移动后，安全标志就起不到作用了。

安全标志分为禁止标志、警告标志、指令标志和提示标志四类。

禁止标志的含义是不准许或制止人们的某些行为。

禁止跨越

禁止吸烟

禁止饮用

注意安全

当心火灾

当心触电

警告标志的含义是警告人们可能发生的危险。

指令标志的含义是强制人们必须做出某种动作或采取防范措施。

戴防尘口罩

戴安全帽

系安全带

紧急出口

避险处

可动火区

提示标志的含义是向人们提供某种信息（如标明安全设施或场所等）。

10. 你用过这些劳动防护用品吗？

想一想，你是否在工作中使用过以下劳动防护用品：

（1）头部防护用品。如安全帽、防尘帽、防水帽等。

（2）呼吸器官防护用品。如防尘口罩、防毒口罩（面罩）等。

（3）眼（面）部防护用品。如防电磁辐射、防危险化学品飞溅伤害等护具。

（4）听觉器官防护用品。如防噪声耳塞、防噪声耳罩和防噪声头盔等。

（5）手部防护用品。如防水手套、防毒手套、绝缘手套等。

（6）足部防护用品。如防静电鞋、防酸碱鞋、防刺穿鞋等。

（7）躯干防护用品。如防寒服、阻燃服、水上救生衣等。

（8）护肤用品。如防射线、防油漆等不同功能的护肤用品。

（9）防坠落用品。如安全带和安全网等。

小贴士 生产中应当选用由正规厂家生产的符合国家标准或行业标准的劳动防护用品。

安全带　　安全帽　　防噪声耳罩　　防护手套

11. 使用劳动防护用品要注意什么？

（1）针对防护目的，正确选择和使用劳动防护用品，绝不能选错或将就使用。

（2）接受相关培训，了解劳动防护用品的结构，掌握使用方法，反复训练，熟练使用。

（3）妥善维护保养，在产品有效期内保证防护效果。如耳塞、口罩、面罩等用后应用肥皂、清水洗净，并用药液消毒、晾干。过滤式呼吸防护器的滤料要定期更换，以防失效。防止皮肤污染的工作服用后应集中清洗。

（4）劳动防护用品应由专人管理。对用于紧急救护或救灾等用具，要定期严格检验，并妥善存放在可能发生事故的地点附近，方便取用。

头盔可不能替代安全帽！

12. 如何正确佩戴安全帽？

（1）首先检查安全帽的外壳是否破损（如有破损，其分解和削弱外来冲击力的性能就会减弱或丧失，不可再用），有无合格帽衬（帽衬的作用是吸收和缓解冲击力，若无帽衬，则丧失了保护头部的功能），帽带是否完好。

（2）调整好帽衬顶端与帽壳内顶的间距（4~5厘米），调整好帽箍。

（3）安全帽必须戴正。如果戴歪了，一旦受到外力冲击，就起不到对头部保护的作用。

（4）必须系紧下颌带。如果不系紧下颌带，一旦发生构件坠落打击事故，安全帽就容易掉下来，后果非常严重。

小贴士　现场作业中，切记不得将安全帽脱下搁置一旁，或当坐垫使用。

长记性了吧！安全帽可不能歪着戴！

13. 如何正确使用安全带？

（1）使用前应检查安全带各部分构件有无破损。

（2）安全带上的任何部件都不得私自拆换。

（3）使用时，安全带应高挂低用，并防止摆动、碰撞，避免尖刺，不得接触明火，不能将钩直接挂在安全绳上，应挂在连接环上。

（4）严禁使用打结和续接的安全绳，以防坠落时腰部受到较大冲击力而受到伤害。

（5）作业时应将安全带的钩、环挂在系留点上，各卡接扣紧，以防脱落。

（6）在温度较低的环境中使用安全带时，要注意防止安全绳的硬化割裂。

（7）使用后，要将安全带、绳卷成盘放在无化学试剂且避光处，切不可折叠。在金属配件上涂些机油，以防生锈。

安全带要高挂低用，你挂的位置不对。

14. 电对人体会产生怎样的危害？

生产和生活都离不开电。但是，如果不能正确地认识电、使用电，它也会给人们造成伤害。例如，人体接受过量的电流，可能会造成电击伤；电能转换为热能作用于人体，可致人体烧伤或灼伤；电气设备可产生电磁波，过量的电磁辐射会对人体机能造成损害。

小贴士　人体触电时间越长，造成的危害越大。电流通过人体最危险的途径是从手到脚，其次是从手到手，危险最小的是从脚到脚，但可能导致二次事故的发生。工频电比直流电、高频电对人体的危害大。

15. 作业场所安全用电注意事项有哪些？

（1）未经电工特种作业培训考核合格并取得操作证的人员，不得从事电工作业。

（2）车间内的电气设备不得随意乱动。如果电气设备出了故障，应请电工修理，不得私自修理，更不能带故障运行。

（3）电工进行作业前必须验电。任何电气设备在未验明无电之前，应一律认为有电，不要盲目触及；对"禁止合闸""有人操作"等标志牌，无关人员不得移动。

（4）电气设备必须有保护性接地、接零装置，并经常对其进行检查，以保证牢固连接。

（5）需要移动某些非固定安装的电气设备，如照明灯、电焊机等时，必须先切断电源再移动，同时要防止导线被拉断。

（6）作业人员经常接触和使用的配电箱、配电板、闸刀开关、按钮开关、插座、插头以及导线等必须保持完好，不得有破损或使带电部分裸露。

（7）在雷雨天切忌走近高压电线杆、铁塔、避雷针等处，应至少远离其20米，以免发生跨步电压触电。

（8）发生电气火灾时，应立即切断电源，用黄沙或二氧化碳灭火器、四氯化碳灭火器灭火，切不可用水或泡沫灭火器灭火。

血的教训：

某日，变电班电工高某等人接受维修任务后来到变电所，拉下10千伏高压负荷开关。高某听到变压器的声响停止，以为已经断电，于是爬上高压柜准备清扫母排，却当即被电击倒，经抢救无效死亡。如果高某等人按照操作规程作业，执行作业前检查确认，在拉断开关后进行验电，就会避免这起事故的发生。

16. 静电和雷电会造成哪些危害？

在生产工艺过程和工作人员操作过程中，由于某些材料的相对运动、接触与分离等原因，会形成静电，产生静电火花。在火灾和爆炸危险场所，静电火花是十分危险的致害因素。

雷电放电具有电流大、电压高等特点。雷击除可能毁坏生产设施和设备，引起火灾和爆炸外，还可能直接伤及人、畜。

小贴士

（1）在进行容易产生静电的操作时，必须有良好的接地装置，及时导除聚集的静电。

（2）遇雷雨天造成作业场所中有跨步电压触电危险时，可采用单足跳或并足跳的方法撤离危险区。

（3）在室外遇雷雨时，要及时躲避。在空旷的野外无处躲避时，应尽量寻找低洼之处，或者立即蹲下。不要使用手机。

17. 使用手持电动工具应遵守哪些安全防护措施？

（1）辨认铭牌，检查手持电动工具的性能是否与使用条件相适应。

（2）检查防护罩、防护盖、手柄防护装置等有无损伤、变形或松动。不得随意拆除安全防护装置。

（3）检查电源开关是否正常，接线有无松动。

（4）检查手持电动工具的转动部分是否灵活。

（5）严格执行安全操作规程，操作者应穿戴好绝缘鞋、绝缘手套等劳动防护用品，并站在绝缘板上操作。

（6）电源要安装漏电保护器，手持电动工具的金属外壳应有防护接地或接零措施，配用的导线、插头、插座应符合要求。

使用手持电动工具时，不得随意拆除安全防护装置。

（7）首次使用前，应检测手持电动工具的接零和绝缘情况，确认无误后才能使用。

（8）手持电动工具的导线必须使用绝缘橡胶护套线，禁止用塑料护套线；导线两端要连接牢固，内部接头要正确，特别是手柄尾部的电缆护套要完好。

（9）手持电动工具的电缆线不应有接头，长度不宜超过5米。

（10）在使用中挪动手持电动工具时只能手提握柄，不得提导线拉扯；不要过分翻转，避免手柄内电源接头缠扯脱落，使机壳带电或发生短路；要防止手持电动工具的工作端对人体造成机械伤害。

（11）在易燃易爆工作环境中切不可使用手持电动工具，以免产生火花酿成火灾或爆炸事故。

（12）用毕及时切断电源，并妥善保管。

18. 你周边发生过这些机械伤害工伤事故吗？

（1）机械设备零部件做旋转运动时造成的伤害。旋转运动造成人员伤害的主要形式有绞伤和物体打击伤。

（2）机械设备零部件做直线运动时造成的伤害。直线运动造成人员伤害的主要形式有压伤、砸伤、挤伤。

（3）刀具造成的伤害。刀具在加工零件时造成人员伤害的主要形式有烫伤、刺伤、割伤。

（4）被加工的零件造成的伤害。如零件加工过程中固定不牢被甩出击伤人，在吊运和装卸过程中砸伤人。

（5）电气系统造成的伤害。主要形式是电击伤。

（6）手持工具造成的伤害。

（7）其他伤害。如有的机械设备在使用中发出强光、高温，有的放出化学能、辐射能，以及尘毒危害物质等，对人体造成伤害。

19. 防止机械伤害的工伤预防措施有哪些？

（1）必须正确穿戴劳动防护用品。该穿戴的必须穿戴，不该穿戴的就一定不要穿戴。例如，机械加工时要求女工戴防护帽，如果不戴就可能将头发绞进去；同时要求不得戴手套，如果戴了，机械的旋转部分就可能将手套绞进去，将手绞伤。

（2）操作前要对机械设备进行安全检查，而且要空车试运转，确认正常后，方可投入运行。

（3）机械设备在运行中要按规定进行安全检查。特别是检查紧固的物件是否由于振动而松动，若松动重新紧固。

（4）机械设备严禁带故障运行，千万不能凑合使用，以防出事故。

咱们还是先空车试运转一下吧。

等我"病"好了再干吧！

（5）机械设备的安全防护装置必须按规定正确使用，不准将其拆掉不用。

（6）机械设备使用的刀具、工夹具以及加工的零件等一定要装卡牢固，不得松动。

（7）机械设备在运转时，严禁用手调整，也不得用手测量零件，或进行润滑、清扫杂物等。如必须进行时，则应首先关停机械设备。

（8）机械设备运转时，操作者不得离开工作岗位，以防发生异常时无人处置。

（9）工作结束后，应关闭设备开关，把刀具和工件从工作位置退出，并清理好工作场地，将零件、工夹具等摆放整齐。

 **血的教训：**

某日，机械加工厂镗工张某正在卧式镗床上加工一种较大、较复杂的部件，镗床主轴以每分钟200转的速度旋转着。突然，张某痛苦地大叫一声，师傅闻声急忙按下停车按钮。只见张某上身裸露趴在工件上，左臂鲜血淋淋，工作服、毛衣、衬衣、背心全部被撕破缠绕在镗杆上。经送医院检查救治，张某左臂及手腕多处皮肤撕裂，肌肉严重挫伤，脾脏破裂被手术切除。

事故调查发现，引起事故的直接原因是张某工作服最下边一粒纽扣未系，在他观察工件加工情况时，衣角被镗杆绞住，由此而造成事故。从这起事故看，正确穿戴劳动防护用品是作业人员安全生产的一个重要保障，假如张某上岗前按工作服"三紧"（领口紧、袖口紧、下摆紧）的着装要求，将上衣纽扣全部系好，事故是完全可以避免的。

20. 切削加工安全操作注意事项有哪些?

（1）被加工工件的质量、轮廓尺寸应与机床的技术性能数据相适应。

（2）被加工工件的质量大于20千克时，应使用起重设备。

（3）在工件回转或刀具回转的情况下，禁止戴手套操作。

（4）紧固工件、刀具或机床附件时要站稳，不要用力过猛。

（5）每次开动机床前都要确认对任何人无危险，机床附件、被加工工件以及刀具均已固定牢靠。

（6）当机床已在工作时，不能变动手柄和进行测量、调整、清理等工作。操作者应观察加工进程。

（7）如果在加工过程中易产生切屑，为安全起见，应安设防护挡板。从工作场地和机床上清除切屑，不能直接用手清除，也不能用压缩空气吹，要使用专用工具。

（8）正确地安放被加工工件，不要堵塞机床附近的通道，要及时清除切屑，工作场地特别是脚踏板上不能有冷却液和冷却油。

（9）当出现电绝缘发热并有气味、设备运转声音不正常时，要迅速停车检查。

（10）当用压缩空气作为机床附件驱动力时，废气排放口应朝着远离机床的方向。

（11）经常检查零件在工作场地或库房内堆放的稳固性，当将这些零件移到运箱中时，要确保它们的位置稳定以及运箱本身稳定。

（12）当离开机床时，即使是短时间离开，也一定要关闭电源停车。

21. 冲压加工安全操作注意事项有哪些？

（1）开始操作前，必须认真检查安全防护装置是否完好，离合器、制动装置是否灵敏和安全可靠。应把工作台上的一切不必要的物件清理干净，以防工作时振落到脚踏开关上，造成冲床突然启动而发生事故。

（2）冲压小工件时不得用手，应该使用专用工具，最好安装自动送料装置。

（3）操作者对脚踏开关的控制必须小心谨慎。装卸工件时，脚应离开脚踏开关。严禁他人在脚踏开关周围停留。

（4）如果工件卡在模子里，应用专用工具取出，不准用手拿，并注意将脚从脚踏开关上移开。

22. 钳工安全操作注意事项有哪些？

（1）工作前先检查工作场地及工具是否安全，若有不安全之处及损坏现象，应及时清理和修理，并安放妥当。

（2）使用錾子时，应将刃部磨锋利，尾部毛头磨掉，錾切时严禁錾口对人，并注意铁屑飞溅方向，以免伤人。

（3）使用榔头时，要检查把柄是否松脱，并擦净油污。握榔头的手不准戴手套。

（4）使用的锉刀必须带锉刀柄，操作中除锉圆面外，锉刀不得上下摆动，应重推、轻拉，保持水平运动。锉刀不得沾油，存放时不得互相叠放。

（5）使用扳手要符合螺帽的要求，站好位置，同时注意旁人，以防扳手滑脱伤人。扳手不允许当榔头使用。

> 别站在我前面，小心伤到你。

> 干完活儿，把工具摆放整齐，锉刀不能叠放！

（6）使用电钻前，应检查是否漏电，如有漏电现象应交电工处理。工件放稳，人要站稳，手要握紧，两手用力要均衡并掌握好方向，保持钻杆与被钻工件面垂直。

（7）使用虎钳时，应根据工件精度要求加放钳口铜，不允许在钳口上猛力敲打工件。扳紧虎钳时，用力应适当，不能加加力杆。虎钳使用完毕，须擦干净，并将钳口松开。

（8）使用卡钳测量时，卡钳一定要与被测工件的表面垂直或平行。

（9）使用游标卡尺、千分尺等精密量具测量时，均应轻而平稳，不可在毛坯等粗糙表面上测量，不许测量还在发热的工件，以免卡脚摩擦损坏。

（10）使用水平仪时，要轻拿轻放，不要碰击。接触面未擦净前，不准将水平仪摆上。

23. 砂轮机安全操作注意事项有哪些？

（1）砂轮机应安装在僻静安全的地方，旋转方向禁止对着通道。启动前，应先检查机械各部位螺栓、砂轮夹板、防护罩、砂轮表面有无裂纹或破损等，确认完整良好。

（2）工件的托架必须安装牢固，托架面要平整，托架的位置与砂轮架的间隙不得大于3毫米，夹持砂轮的法兰盘直径不得小于砂轮直径的1/3，夹力应适中。对有平衡块的法兰盘，应在装好砂轮后先进行平衡测试，合格后方能使用。

（3）砂轮要保持干燥，防止受潮而降低强度。

（4）砂轮轴头紧固螺栓的转向应与主轴旋转方向相反，以保持紧固。砂轮启动达到正常转速后，方准进行磨件。

（5）严禁两人同时使用一个砂轮打磨工件。

（6）砂轮不圆、厚度不够或者露出夹板不足25毫米时，应更换新砂轮。

（7）磨工件时，不准振动砂轮或打磨露出易发生振动的工件。

（8）砂轮只准磨钢、铁等黑色金属，不准磨软质有色金属或非金属。

（9）砂轮禁装倒顺开关，遇停电时，应立即切断电源。

（10）磨工件时，应使工件缓慢接近砂轮，不准用力过猛或冲击，更不准用身体顶着工件在砂轮下面或侧面打磨。

（11）磨小工件时，不得直接用手拿持工件打磨，应选用合适的夹具夹稳工件进行操作。

（12）安装砂轮片时，不准用铁锤敲击。如孔径大于轴径时，应加套筒，不得有空隙，轴端须用两个以上的螺栓紧固。

（13）砂轮机转轴发生弯曲后，应立即停用，更换新部件后方可继续使用。

磨小工件时，不要用手直接拿持。

24. 生产中引起火灾和爆炸的常见点火源有哪些?

（1）明火。例如火柴、气焊和电焊喷火等。

（2）高热物及高温表面。例如加热装置、高温物料的输送管等。

（3）电火花。例如开闭电闸时的弧光放电等。

（4）静电火花。例如液体流动引起的带电等。

（5）摩擦与撞击。例如铁器工具相撞等。

（6）物质自行发热。例如油纸、油布、煤的堆积发热等。

（7）绝热压缩。例如硝化甘油液滴中含有气泡时，被锤击受到绝热压缩，瞬时升温，可使硝化甘油液滴被加热至着火点而爆炸。

（8）化学反应热及光线和射线等。

小贴士：点火源是引起火灾和爆炸事故的重要因素。为了预防火灾和爆炸，要对点火源进行严格管理。

# 25. 防火防爆应注意哪些预防要点？

（1）掌握防火防爆知识，并严格贯彻执行防火防爆规章制度。禁止违章作业。

（2）应在指定的安全地点吸烟，严禁在工作现场和厂区内吸烟和乱扔烟头。

（3）使用、运输、储存易燃易爆气体和液体等物质时，一定要严格遵守安全操作规程。

（4）在工作现场禁止随便动用明火。确需使用时，必须报请主管部门批准，并做好安全防范工作。

（5）对于使用的电气设备，如发现绝缘破损、老化不堪、超负荷以及不符合防火防爆要求时，应停止使用，并报告领导予以解决。不得带故障运行，防止发生火灾、爆炸事故。

（6）应学会使用常见的灭火工具和器材。对于车间内配备的防火防爆工具、器材等应该爱护，不得随便挪用。

26. 动火作业应遵守哪些安全管理要求？

（1）在危险区域动火作业，应申请动火作业许可证后方可进行。

（2）动火作业前应清理作业区域内的易燃易爆物品。

（3）凡盛有或盛过危险化学品的容器、设备、管道等生产和储存装置，必须在动火作业前进行清洗置换，经技术检测合格后方可动火作业。

（4）拆除管线的动火作业，必须先查明其内部介质及其走向，并制定相应的安全防火措施。

（5）高空动火作业不许火花四溅，应采取围挡措施，附近一切易燃物应移开或盖好。高空作业应系安全带。

（6）动火作业要有专人监火。监火人要注意查看作业情况，始终监守现场。

（7）动火作业前，应检查电气焊工具，保证安全可靠，不准带"病"使用。

（8）使用气焊焊割动火作业时，氧气瓶、乙炔气瓶应离明火10米以上；氧气瓶与乙炔气瓶间距应保持5米以上，并不准在烈日下暴晒。

（9）动火作业前，有关部门应对动火区域内的作业人员进行安全交底，并在动火期间安排人员加强巡检。

（10）动火作业完毕后，应清理现场，熄灭余火，切断电源，确认无残留火种后方可离开。

27. 焊工作业的"十不焊"是指什么？

(1) 未取得焊工特种作业操作证，不焊不割。

(2) 要害部位和重要场所未经审批，不焊不割。

(3) 不了解焊割地点周围情况，不焊不割。

(4) 不了解焊割物内部情况，不焊不割。

(5) 装过易燃易爆物料的容器未消除危险，不焊不割。

(6) 保温、隔声部位使用可燃性材料，不焊不割。

(7) 密闭或有压力的容器、管道，不焊不割。

(8) 焊割部位附近有易燃易爆物品，不焊不割。

(9) 禁火区内未办理动火审批手续，不焊不割。

(10) 附近有不允许产生明火的作业，不焊不割。

28. 生产中使用易燃易爆物品有哪些安全要求?

（1）在制造、使用易燃易爆物品的建筑物内，电气设备应为防爆型的。电气装置、电热设备、电线、保险装置等都必须符合防火要求。

（2）易燃易爆物品的存放量不得超过一昼夜的用量，不得放在过道上，不得靠近热源及受日光暴晒。

（3）制造和使用易燃液体、可燃气体时，禁止使用明火蒸馏或加热，应使用水浴、油浴或蒸汽浴。使用油浴时，不得用玻璃器皿作浴锅；操作中应经常测量油浴的温度，不得让油温接近闪点。

（4）各种易燃、可燃气体和液体的管道，不得有跑、冒、滴、漏现象。检查漏气时严禁用明火试验。气体钢瓶不得放在热源附近或在日光下暴晒，使用氧气时禁止与油脂接触。

（5）强氧化剂不得与可燃物品接触、混合。经易燃液体浸渍过的物品不得放在烘箱内烘烤。

（6）易燃物品的残渣（如钠、白磷、二硫化碳等）不准倒入垃圾箱、污水池和下水道内，应放置在密闭的容器内或妥善处理。沾有油脂的抹布、棉丝、纸张应放在有盖的金属容器内，不得乱扔乱放，防止自燃。

（7）作业完毕，要将工作场所收拾干净，关闭可燃气体、液体的阀门，清查危险物品并封存好，清洗用过的容器，关闭电源，关好门窗，经仔细检查确保安全后方可离开。

（8）制造、使用易燃易爆物品的车间，耐火程度要高，出入口一般不得少于两个，门窗向外开。在建筑物内外适宜的地方放置灭火工具，如四氯化碳灭火器、二氧化碳灭火器、干粉灭火器和沙箱等。

29. 你接触过危险化学品吗？它们会有哪些危害？

危险化学品按照理化危险特性分为 16 类：爆炸物、易燃气体、易燃气溶胶、氧化性气体、压力下气体、易燃液体、易燃固体、自反应物质或混合物、自燃液体、自燃固体、自热物质和混合物、遇水放出易燃气体的物质或混合物、氧化性液体、氧化性固体、有机过氧化物、金属腐蚀剂。危险化学品一旦处置不当极易导致爆炸、火灾、中毒、污染、氧化腐蚀等安全事故，对人体、物品及环境造成危害或破坏。

常见的危险化学品有液化石油气、天然气、汽油、苯、硫化氢、农药、酒精、液氯等。

30. 危险化学品装运应遵守哪些安全规定？

（1）运输危险化学品的车辆应专车专用，并设置明显标志。装运人员要了解所装运危险化学品的性质，掌握事故应急处理措施，配备必要的应急处理器材和防护用品。

（2）装运危险化学品要轻拿轻放，防止撞击、拖拉和倾倒。

（3）碰撞、相互接触容易引起燃烧、爆炸和造成其他危害的危险化学品，以及化学性质或防护、灭火方法相互抵触的危险化学品，不得违反配装限制，不得混合装运。

（4）遇热、遇潮容易引起燃烧、爆炸或产生有毒气体的危险化学品，在装运时应当采取隔热、防潮措施。

（5）装运危险化学品时不得人货混载。禁止无关人员搭乘装运危险化学品的车辆。装运危险化学品的车辆通过市区时，应当遵守所在地公安机关规定的行车时间和路线，中途不得随意停车。

 **血的教训：**

某日上午，在湖南省溆浦县大江口镇的一条公路上，一辆载有2吨多黄磷的汽车起火了。企业专职消防队队员闻讯赶来，他们在高压水枪的掩护下，冲上车厢，奋力掀开着火的黄磷桶。结果，接二连三的爆炸发生了，炸飞起来的黄磷猛烈地燃烧，4名消防队队员当场牺牲。

在这起事故中，危险化学品的管理、运输以及火灾扑救都存在着严重的问题。当时，这辆运载危险化学品的车上根本没有押车员，而司机也没有一点儿运输危险化学品的安全知识。消防队队员在扑救黄磷火灾时，本应关闭车厢门，往车厢里灌水，让着火的黄磷重新浸泡在水中。但是，他们却采用了打开车厢门和掀开黄磷桶的错误做法，再加上人员近距离接触着火的黄磷桶，因而造成抢险人员的重大伤亡。

31. 危险化学品储存应遵守哪些安全规定？

（1）危险化学品应当储存在专门地点，不得与其他物品混合储存。

（2）危险化学品应该分类、分堆储存，堆垛不得过高、过密，堆垛之间以及堆垛与墙壁之间应该留出一定的距离、通道及通风口。

（3）互相接触容易引起燃烧、爆炸的物品及灭火方法不同的物品，应该隔离储存。

（4）遇水容易发生燃烧、爆炸的危险化学品，不得存放在潮湿或容易积水的地方。受阳光照射容易发生燃烧、爆炸的危险化学品，不得存放在露天或者高温的地方，必要时还应该采取降温和隔热措施。

（5）容器、包装要完整无损，如发现破损、渗漏，必须立即进行安全处理。

（6）性质不稳定、容易分解和变质，以及混有杂质而容易引起燃烧、爆炸的危险化学品，应按规定进行检查、测温、化验，防止自燃及爆炸。

（7）不准在储存危险化学品的库房内或露天堆垛附近进行试验、分装、打包、焊接和其他可能引起火灾的操作。

（8）库房内不得住人。工作结束，应进行防火检查，切断电源。

32. 你会拨打火警电话吗?

发现火情不要惊慌失措,要及时报警,火警电话号码119要记清。

（1）火警电话打通后,应讲清着火单位以及所在区县、街道、门牌或乡村的详细地址。

（2）要讲清起火部位、燃烧物品和燃烧情况,火势怎样。

（3）报警人要讲清自己的姓名、工作单位和电话号码。

（4）报警后要派专人在街道路口等候消防车到来,指引消防车前往火场,以便迅速、准确地到达起火地点。

119吗？科技园3号库房发生了火灾。具体位置是……

33. 火灾有哪些类型？你会选择灭火器材吗？

A类：固体物质火灾，如木材、纸张（燃烧后为炭）等的火灾。扑救A类火灾可用清水或一般泡沫灭火剂。

B类：液体或可熔化的固体物质火灾，如各种油类、有机溶剂、石油制品、油漆、石蜡、沥青、松香等的火灾。扑救B类火灾最好使用干粉灭火器，还可用二氧化碳灭火器、泡沫灭火器。

C类：气体火灾，如煤气、液化石油气等的火灾。扑救C类火灾一般使用干粉灭火器、二氧化碳灭火器。

D类：金属火灾，如钾、钠等的火灾。扑救D类火灾应使用专用灭火剂。金属火灾灭火剂有两种类型：一是粉末型灭火剂；二是液体型灭火剂（如7150灭火剂）。

E类：带电火灾，指物体带电燃烧的火灾。扑救E类火灾宜选用二氧化碳灭火器、干粉灭火器，且注意扑救火灾时要先切断电源。

F类：烹饪器具内的烹饪物，如动植物油脂等的火灾。扑救F类火灾忌用水、泡沫及含水性物质，宜使用窒息灭火方式隔绝氧气进行灭火。

水火真不相容吗？

俗话说水火不容，但自然界就有这种物质，沾水就能着火，这是为什么？原来，遇水着火的物质与水接触时能起化学反应，并产生可燃气体和热量而引起燃烧。属于这类物质的有以下几种：

（1）碱金属和碱土金属。例如锂、钠、钾、钙、锶、镁等，它们与水反应生成大量的氢气，遇点火源就会燃烧或爆炸。

（2）氢化物。例如氢化钠与水接触能放出氢气并产生热量，能使氢气自燃。

小贴士

（3）碳化物。例如碳化钙、碳化钾、碳化钠等。碳化钙（电石）与水接触能生成乙炔，这种气体能燃烧或爆炸。

（4）磷化物。例如磷化钙、磷化锌等，它们与水作用生成磷化氢，而这种气体在空气中能够自燃。

遇到以上物质，我们可要小心。

34. 如何正确使用干粉灭火器?

干粉灭火器适用于扑救各种易燃、可燃液体和易燃、可燃气体火灾,以及电气设备火灾。

(1)用一只手握住压把,另一只手托着灭火器底部,取下灭火器。

(2)提着灭火器迅速赶到现场。

(3)除掉铅封,拔出保险销。

(4)在距离火焰2米的地方,一只手用力压下压把,使干粉喷射出来;另一只手拿着喷管左右摆动,使干粉覆盖整个燃烧区。

 **35. 如何维护保养消防器材?**

（1）消防器材应由专人负责管理和保养。

（2）消防器材要专物专用，不能用于与消防无关的情形。

（3）要定期检查、保养消防器材。检查存放地点是否适当，机件是否损坏或出现故障，灭火药剂是否过期等。消防器材使用后，要立即保养、补充。对机动消防车，要经常发动、定期试车，以保持其性能良好。

（4）消防器材应设置在明显的地方，设立标志，便于取用。消防器材的附近不能堆放杂物，要保持道路畅通。

36. 起重作业应遵守哪些安全规定？

（1）各类起重机操作人员应经培训考试合格取得特种设备作业人员资格证后，方可上岗作业。

（2）起重机开车前，作业人员应对制动器、吊钩、钢丝绳和安全防护装置进行检查，确保工作状态正常。正式作业前应进行试吊。

（3）起重机开车前，应确定起重机上或其周围没有与作业无关的人员后才可闭合主电源。闭合主电源前，应将所有工作手柄置于零位。开车须鸣笛或示警。作业中接近人员时，亦应给予断续笛声或警报。

（4）起重作业应按指挥信号进行。对紧急停车信号，不论何人发出，都应立即执行。

（5）两机或多机作业时，必须有统一指挥，动作配合协调，吊重分配合理。

（6）遇有下列情况严禁起吊（起重作业"十不吊"）：

1）超载或吊物重量不清，不吊。

2）指挥信号不清或多人指挥，不吊。

3）捆绑、吊挂不牢或不平衡可能引起吊物滑动，不吊。

4）吊物上有人或浮置物，不吊。

5）吊物结构或零部件有影响安全工作的缺陷或损伤，不吊。

6）遇有拉力不清的埋置物件，不吊。

7）工作场地光线暗淡，无法看清场地情况和指挥信号，不吊。

8）重物棱角处与捆绑钢丝绳之间未加垫，不吊。

9）歪拉斜吊重物，不吊。

10）易燃易爆物品，不吊。

（7）起吊时起重臂下不得有人停留和行走，起重臂、吊物必须与架空电线保持安全距离。

（8）在轨道上露天作业的起重机工作结束时，应将起重机锚定住；当风力大于6级时，一般应停止工作，并将起重机锚定住；对于在沿海工作的起重机，当风力大于7级时，应停止工作，并将起重机锚定住。

（9）起重机进行维护保养时，应切断主电源并挂上标志牌或加锁。如存在未消除的故障，应通知接班司机。

好大的风，立即停止工作！

37. 场（厂）内专用机动车辆作业应遵守哪些安全规定？

（1）车辆驾驶人员必须经有资质的培训单位培训，考试合格后方可持证上岗。

（2）车辆通过路口时，驾驶人员一定要先观望，在确定没有危险时才能通过。

（3）车辆的各种机械零件必须符合技术规范和安全要求，严禁带故障运行。

（4）汽车在出入厂区大门时的速度不得超过每小时5千米；在厂区道路上行驶，速度不能超过每小时20千米。

（5）装运货物不得超载、超高。

（6）装运货物车辆的随车人员应坐在指定的安全位置，不得站在车门踏板上，也不得坐在车厢侧板上或驾驶室顶上。

（7）电瓶车在进入厂房内，装载易燃易爆、有毒有害物品时，严禁乘人。

（8）铲车在行驶时，无论是空载还是重载，其车铲距地面不得小于300毫米，且不得高于500毫米。

（9）严禁驾驶员酒后驾车、疲劳驾车、争道抢行等违章行为。

小贴士

场（厂）内专用机动车辆作业"十不准"：不准超载，不准抢挡，不准超速行驶，不准酒后驾驶，开车时不准吃东西，开车时不准与他人谈话，人货不准混载，视线不清不准倒车，不准无证驾驶，车辆行驶中不准跳上跳下。

# 38. 上下班交通安全怎么做？

（1）上下班驾驶机动车、非机动车的职工要遵守交通法规，做到谨慎驾驶。

（2）驾驶机动车、非机动车须保证车况良好（经常检查刹车、灯光、喇叭等），不驾驶安全设施不全或有事故隐患的车辆。

（3）驾驶汽车时按规定路段、规定车速行驶，驾驶摩托车、电动自行车等应做到低速行驶。"宁停三分、不抢一秒"，做到不超速。

（4）禁止在机动车道上违规驾驶电动自行车。

（5）在通过十字路口或需要转弯、调头时，须加小心，按照交通信号灯指示通行，做到"一停、二看、三通过"，严禁闯红灯。

（6）遇雨、雪、雾等恶劣天气，要减速慢行，提高警惕。最好选乘公共交通工具出行，如地铁、公共汽车。

（7）严禁酒后驾驶汽车、摩托车、电动自行车等交通工具。

（8）发生机动车事故，除了紧急抢救伤员和财产外，还要注意保护现场，及时报警。

一定要站稳抓牢啊！

（9）乘坐地铁、公共汽车等交通工具时，要站（坐）稳抓牢，避免拥挤摔伤，了解车上应急设备、设施的使用方法。如遇突发情况，紧急处理，冷静逃生。

（10）步行要走人行道。横穿马路路口要看交通信号灯，走斑马线、过街天桥、地下通道，不猛跑、抢行。

39. 建筑施工高处作业应遵守哪些安全规定？

（1）高处坠落事故在建筑施工中经常发生。要避免此类事故，必须配齐安全帽、安全带和安全网，它们被称为建筑施工的"三宝"。

（2）高处作业人员一般每年需要进行一次健康检查。患有心脏病、高血压、精神病、癫痫病的人员，不可从事这类作业。

（3）高处作业人员的衣着要符合规定，不可赤膊裸身。脚下要穿软底防滑鞋，绝不能穿拖鞋、硬底鞋和易滑的鞋。操作时要严格遵守各项安全操作规程和劳动纪律。

> 建筑施工"三宝"指的是安全帽、安全带和安全网。

（4）攀登和悬空作业人员（如架子工、结构安装工等）面临的危险比较大，对此类人员应给予培训，经考试合格后再上岗作业。

（5）高处作业中所用的物料应该平稳堆放，不可放置在临边或洞口附近，也不可妨碍通行和装卸。

小贴士

施工现场中工作面边缘无围护设施或围护设施高度低于80厘米的作业称为临边作业。建筑施工现场，由于工序的搭接，常出现临边作业。"五临边"是指以下内容：

（1）基坑周边。
（2）尚未安装栏杆的阳台、料台、挑平台周边。
（3）雨篷与挑檐边。
（4）无脚手架的屋面与楼层周边。
（5）水箱与水塔周边。

 **40. 建筑施工拆除作业应遵守哪些规定？**

（1）在拆除前，应查明建筑物的结构和材料特点。禁止立体交叉作业。

（2）拆除整体的框架式钢筋混凝土建筑物，要注意钢筋特别是主筋的种类、位置与数量，以便确定隔离缝。

（3）拆除框架式建筑时，需采取措施防止预应力混凝土构件的突然起拱造成拆除物失控或者丧失平衡而倒塌。

（4）采用拉倒法拆除时，要保证钢丝绳的设置位置与预定的倒塌方向相一致，并设置危险区域和警戒岗哨。

（5）拆除屋面板时，要对屋面板的承载能力进行检查。

（6）拆除建筑物的楼板时，应事先查清楼板中主筋的分布情况。

（7）对于采用定向爆破法或垂直塌落爆破法的拆除作业，凡在爆破范围内会影响倒塌方向的设施，如避雷针、爬梯、台阶等，都应事先拆除。

（8）手工拆除钢制烟囱时，要按规程搭设脚手架。

（9）工业管道的拆除，首先要根据原始资料和管道标志确定管道种类，以及管道内液体或气体介质的名称、性质和化学成分，然后制定拆除方案。

（10）对含可燃性气体介质的管道，如煤气、天然气管道等，应先泄压，用压缩空气和蒸汽吹扫，进行仪表检测，确认其不存在爆炸或燃烧危险后，方能进行拆除作业。

管道拆除时，要先进行仪表检测。

41. 建筑施工中如何预防坍塌事故？

（1）预防土方坍塌事故要注意：挖土方时，发现边坡附近土体出现裂纹、掉土及塌方险情时，应立即停止作业，下方人员要迅速撤离危险地段，待查明原因后再决定是否继续作业。

（2）预防脚手架坍塌事故要注意以下几点：

1）加强对脚手架的日常检查维护，重点检查架体基础变化、各种支撑及结构连接的受力情况。

2）当脚手架的前部基础沉陷或施工需要掏空时，应根据具体情况采取加固措施。

3）当隐患危及架体稳定时，应立即停止使用，并制定针对性措施，限期加固处理。

4）在支搭与拆除作业过程中，要严格按规定和工作程序进行。

 **血的教训：**

某日，在上海某建筑安装工程有限公司承建的某旧区改造工程的工地上，正在进行基础工程的挖土施工作业。其中6号房位于施工现场道路的东侧。基础开挖后为防止基坑边坡塌方，瓦工班班长邱某安排瓦工张某等砌筑边坡挡土墙。20时30分左右，正在6号房基坑西北角砌筑挡土墙的张某被突然坍塌下来的土体压埋。事故发生后，现场人员将其救出，并随即送往医院紧急救治，但张某因脑部受伤过重，经抢救无效死亡。造成这起事故的主要原因是：工人自我保护意识不强，施工现场安全管理不严，施工前安全技术交底不够，以及施工现场照明不足。

42. 建筑施工中如何预防物体打击事故？

（1）物体打击事故的常见表现形式有：

1）在高处作业中，工具、零件、砖瓦、木块等物体从高处坠落伤人。

2）乱扔废物、杂物伤人。

3）起重吊装、拆装、拆模时，物料坠落伤人。

4）设备带"病"运行，设备部件飞出伤人。

5）设备运转中，用铁棍捅卡料，导致铁棍弹出伤人。

6）压力容器爆炸的飞出物伤人。

7）放炮作业中迸溅的乱石伤人。

（2）预防措施：

1）高处作业时，禁止乱扔物料，清理楼内的物料应设溜槽或使用垃圾桶。手持工具和零星物料应随手放在工具袋内。安装、更换玻璃要有防止玻璃坠落的措施，严禁乱扔碎玻璃。

2）吊运大件要使用有防止脱钩装置的吊钩和卡环，吊运小件要使用吊笼或吊斗，吊运长件要绑牢。

3）高处作业时，对斜道、过桥、跳板要明确专人负责维修、清理，不得堆放杂物。

4）严禁设备带"病"运行。

5）排除设备故障或清理卡料前必须停机。

6）放炮作业前，人员要隐蔽在安全可靠处，无关人员严禁进入作业区。

血的教训：

某日，上海某建筑工地承包单位外墙粉刷班为图操作方便，经班长同意后，拆除了机房东侧外脚手架的围挡密封网，搭设了操作平台。10时50分左右，粉刷工张某在取用粉刷材料时认为小平台上料口空当过大，就拿来一块木板，准备放在空当处。在放置时，因木板后段连着一段铁丝钩住脚手架，张某用力过大不小心失手，木板从15米的高处坠落，击中正从下方经过的送料工杨某的头部。杨某经抢救无效死亡。

43. 煤矿入井安全注意事项有哪些？

（1）煤矿生产是高危行业，入井前要吃好、睡好、休息好，千万不能喝酒，应保持充沛精力。

（2）明火和静电可导致瓦斯爆炸及火灾，不能穿化纤衣服和携带香烟及点火物品下井。

（3）入井前要佩戴矿灯、安全帽，随身携带自救器，配备不齐或设备不完好不能入井工作。

入井前要佩戴矿灯、安全帽，随身携带自救器。

（4）携带锋利工具时，要套好护套，防止伤人。

（5）按时参加班前会。通过班前会了解工作地点的安全生产情况，明确安全注意事项，掌握事故防范措施，保证作业安全。

（6）自觉遵守入井检身制度，听从指挥，排队入井，接受检身。

44. 井下如何安全乘车与行走？

（1）上下井乘罐、乘车、乘输送皮带要听从指挥，不能嬉戏打闹、抢上抢下。

（2）要按照定员乘罐、乘车，并关好罐笼门、车门，挂好防护链。不能在机车上或两车厢之间搭乘。

（3）人货混载十分危险，不要乘坐已装物料的罐笼、矿车。

（4）开车信号已发出或罐笼、人车没有停稳时，严禁上下。

（5）运送火工品时，要听从管理人员安排，火工品千万不能与上下班人员同罐、同车。

（6）乘罐、乘车、乘输送皮带行驶途中，不能在罐内、车内、输送皮带上躺卧和打瞌睡，不能将身体任何部位和携带的工具伸到罐笼和车辆外面。不能在输送皮带上站立、行走，不能用手扶输送皮带侧帮。

（7）乘坐"猴车"（无级绳绞车）时，不触摸绳轮，做到稳上稳下。

谁让你非跟我们同乘呢。

小贴士

（1）在巷道中行走时，要走人行道，不得在轨道中间行走，不得随意横穿电机车轨道、绞车道。携带长件工具时，要注意避免碰伤他人和触及架空线，当车辆接近时要立即进入躲避硐室暂避。

（2）在横穿大巷，通过弯道、交叉口时，要做到"一停、二看、三通过"；任何人都不能从立井和斜井的井底穿过；在人、车兼用的斜巷内行走时，按照"行人不行车，行车不行人"的规定，人不得与车辆同行。

（3）钉有栅栏和挂有危险警告牌的地方十分危险，不能擅自进入；爆破作业经常伤人，不可强行通过爆破警戒线或进入爆破警戒区。

（4）严禁扒车、跳车和乘坐矿车，严禁在刮板输送机上行走；在带式输送机巷道中，不能钻过或跨越输送皮带。

没事！我早就摸清了他们放炮时间的规律了。

45. 如何预防瓦斯爆炸和煤尘爆炸事故?

（1）要爱护监测监控设备。不能擅自调高监测探头的报警值，不能破坏瓦斯监测探头，或用泥巴、煤粉及其他物品将瓦斯监测探头封堵上。

（2）要自觉爱护井下通风设施。通过风门时，要立即随手关好，不能将两道风门同时打开，以免造成风流短路。发现通风设施破损、工作不正常或风量不足时，要及时报告，修复处理。

（3）局部通风机应由专人负责管理，其他人不可随意停开。

（4）当采区回风巷、采掘工作面回风巷风流中的瓦斯体积浓度超过1%或二氧化碳体积浓度超过1.5%时，必须停止作业，从超限区域撤出。当采掘工作面及其他作业地点风流中、电动机或其开关安设地点附近20米以内风流中的瓦斯体积浓度达到1.5%时，必须停止作业，从超限区域撤出。

你早晚会为堵塞探头而后悔的！

（5）井下不能随意拆开、敲打、撞击矿灯，不准带电检修、搬移电气设备，更不能使用明刀闸开关。

（6）井下禁止吸烟和使用火柴、打火机等点火物品。

（7）爆破作业必须严格执行"一炮三检"制度（装药前、放炮前、放炮后检查瓦斯体积浓度）。

（8）观察到有煤与瓦斯突出的征兆时，要立即停止作业，从作业地点撤出，并报告有关部门。

（9）要认真实施煤层注水、湿式打眼、使用水炮泥、喷雾洒水、冲洗巷帮等综合防尘措施。在井下工作时要爱护防尘设备设施，不可随意拆卸、损坏。

 ## 46. 如何预防煤矿顶板事故？

（1）顶板事故是煤矿井下开采中较常见且易发生的事故，要注意防范。当出现以下一种或几种征兆时，要及时采取措施防范：顶板、支架发出响声，顶板掉渣，煤壁片帮，顶板出现裂缝，顶板脱层，直接顶漏顶等。

（2）观察顶板是否会发生冒落，可采用以下方法：

一是敲帮问顶。即用钢钎或手镐敲击顶板，声音清脆响亮的，表明顶板完好；发出"空空"或"嗡嗡"声以及感到顶板震动的，表明已有顶板岩石离层，有冒落的危险，应采取措施防范或把脱离的岩块挑下来。

二是打木楔。即在顶板裂缝中打入一个小木楔，过一段时间如果发现木楔松动或脱落，说明裂缝在扩大，顶板有冒落的危险，应采取措施进行处理。

47. 如何预防井下火灾事故？

（1）在井下不能用灯泡取暖和使用电炉、明火。
（2）在没有得到批准的情况下，不得从事电气焊作业。
（3）不能将剩油、废油随意泼洒，也不能将用过的棉纱、布头和纸张等易燃物品随意丢弃。
（4）主动学会使用灭火器具，掌握灭火方法。

 小贴士

火灾发生初期是灭火的最好时机，在发生火灾时，若火势不大，可直接组织身边人员灭火；若火灾范围较大或火势过猛，现场人员无力扑救且自身安全受到威胁时，应迅速戴好自救器，听从指挥撤离灾区。

48. 如何预防井下水灾事故？

（1）当出现以下一种或几种征兆时，必须停止作业，判明情况，立即向领导或调度室报告，并从受水害威胁的区域撤出：工作面变得潮湿，顶板滴水、淋水，岩石膨胀，底鼓，矿压增大，片帮冒顶，支架变形，有水叫声，煤层挂汗、挂红，工作面有害气体增多且有时带有臭鸡蛋味等。

（2）探水作业经常会发生意外，进行探水作业时，要预先开好躲避硐室，加强支护，规定好联络信号和避灾路线，并经常检查瓦斯体积浓度。当钻进作业中遇到异常情况时，不要轻易移动或拔出钻杆、擅自放水，要及时向领导或调度室报告，情况危急时，要立即撤出。

49. 井下发生事故时如何紧急避灾？

（1）平时主动学习和掌握矿井灾害预防知识和自救互救知识，熟悉井下避灾路线。

（2）发生事故后，及时报警，赢得抢救时间。在事故发生后，要充分利用附近的电话或派出人员迅速将事故情况向领导或调度室报告。

（3）避灾过程中，要保持镇静，沉着应对，不要惊慌，不要乱喊乱跑；要遵守纪律，听从指挥，决不可单独行动。

（4）紧急避灾撤离事故现场时，要迎着风流向进风井口撤离，并在沿途留下标记。

> 报告！4号井发生了事故。

> 迎风流向进风井口撤离，做个标记。

（5）无法安全撤离灾区时，要迅速进入预先构筑的躲避硐室或其他安全地点暂避，在硐室外留下明显标记，并不时敲打轨道或铁管以发出求救信号。

（6）撤离路线被封堵时，不要冒险闯过火区或泅过被水封堵的通道。

（7）遇到瓦斯、煤尘爆炸事故时，要迅速背向空气震动的方向，脸朝下卧倒，并用湿毛巾捂住口鼻，以防吸入大量有毒气体。与此同时，要迅速戴好自救器，选择顶板坚固、有水或离水较近的地方躲避。

（8）抢救窒息或心搏、呼吸骤停的伤员时，要先复苏后搬运；抢救出血的伤员时，要先止血后搬运；抢救骨折的伤员时，要先固定后搬运。

第三章 谨保职业健康

 50. 你了解职业病吗?

职业病是指企业、事业单位和个体经济组织的劳动者在职业活动中,因接触粉尘、放射性物质和其他有毒有害物质等因素而引起的疾病。

我国2013年12月发布的《职业病分类和目录》将职业病分为10类132种,类别包括职业性尘肺病及其他呼吸系统疾病、职业性皮肤病、职业性眼病、职业性耳鼻喉口腔疾病、职业性化学中毒、物理因素所致职业病、职业性放射性疾病、职业性传染病、职业性肿瘤、其他职业病。常见的职业病有矽肺、煤工尘肺、电工性皮炎、噪声聋、苯所致白血病等。

51. 你享有哪些职业健康权利？

（1）有权要求用人单位依法参加工伤保险，缴纳工伤保险费。

（2）有权要求用人单位提供符合国家职业卫生标准和卫生要求的工作环境和条件，提供符合职业病防治要求的劳动防护用品。

（3）有权知晓工作过程中可能产生的职业病危害及其后果、职业病防护措施和待遇等。

（4）有权获得上岗前的职业卫生培训和在岗期间的定期职业卫生培训。

（5）对从事接触职业病危害的，有权获得上岗前、在岗期间和离岗时的职业健康检查。职业健康检查费用由用人单位承担。

（6）有权要求用人单位为其建立职业健康监护档案，并按照规定的期限妥善保存。离职时，有权索取本人职业健康监护档案复印件，用人单位应当如实、无偿提供，并在所提供的复印件上签章。

（7）有权依法享受国家规定的职业病待遇。职业病病人的诊疗、康复费用，伤残以及丧失劳动能力的职业病病人的社会保障，按照国家有关工伤保险的规定执行。职业病病人除依法享有工伤保险外，依照有关民事法律，尚有获得赔偿的权利的，有权向用人单位提出赔偿要求。

52. 你的岗位存在这些职业性有害因素吗？

（1）化学因素。

1）生产性毒物。主要包括铅、锰、铬、汞、苯、有机氯农药、有机磷农药、一氧化碳、二氧化碳、硫化氢、甲烷、氨、氮氧化物等。接触或在这些毒物的环境中作业，可能引起多种职业中毒，如汞中毒、苯中毒等。

2）生产性粉尘。主要包括二氧化硅粉尘、煤粉尘、滑石粉尘、铅粉尘、木质粉尘、骨质粉尘、合成纤维粉尘。长期在这类生产性粉尘的环境中作业，可能引起各种尘肺，如矽肺、石棉肺、煤工尘肺等。

（2）物理因素。

1）异常气候条件。在高温和强烈热辐射条件下作业，可能引发热射病、热痉挛、日射病等。

2）异常气压。潜水作业在高压下进行，可能引发减压病；高山和航空作业，可能引发高山病或航空病。

3）噪声和振动。强烈的噪声作用于听觉器官，可引起职业性耳聋等疾病；长期在强烈振动环境中作业，会引发振动病。

4）辐射线。辐射线是指在工作环境中存在的红外线、紫外线、X射线、无线电波，可能引发放射性疾病。

噪声作业　　　　　　辐射作业

（3）生物因素。例如，农林牧渔业生产中，接触动物皮毛感染炭疽杆菌、森林脑炎病毒、布氏杆菌等。

（4）其他因素。例如，劳动组织和制度不合理；劳动强度过大或生产定额不当；个体个别器官或系统过度紧张；生产场所建筑设施不符合设计卫生标准要求，缺乏适当的机械通风、人工照明等安全技术措施；缺乏防尘防毒、防暑降温、防寒保暖等设施，或设施不完善；安全防护设备或防护器具有缺陷。

53. 生产性粉尘会对人体造成哪些危害？

生产性粉尘进入人体后，根据其性质、沉积的部位和数量的不同，可引起不同的病变。

（1）尘肺。这是生产性粉尘引起的最严重的危害。

（2）粉尘沉着症。吸入某些金属粉尘，如吸入铁、钡、锡等达到一定量时，会对人体造成危害。

（3）有机粉尘可引起变态反应性疾病。如发霉的稻草、羽毛等可引发间质肺炎或过敏性鼻炎、皮炎、湿疹或支气管哮喘。

（4）呼吸系统肿瘤。有些物质的粉尘已被确定为致癌物，如石棉、镍、铬、砷等。

（5）局部作用。经常接触粉尘还可引发皮肤、耳朵、眼睛的疾病。粉尘堵塞皮脂腺，可使皮肤干燥，引发毛囊炎、脓皮病等。金属和磨料粉尘可使角膜损伤，导致角膜浑浊。

（6）中毒作用。吸入铅、砷、锰等有毒粉尘，会在支气管和肺泡壁上溶解吸收，引起中毒。

54. 生产性粉尘危害的预防措施有哪些？

综合防尘措施可概括为八个字，即"革、水、密、风、护、管、教、查"。

（1）"革"是指改革工艺、革新设备，如机械化、自动化、隔室监控等，避免接触粉尘。

（2）"水"是指湿式作业，如湿式碾磨、湿式凿岩、喷雾洒水等，防止粉尘飞扬，降低环境粉尘浓度。

（3）"密"是指密闭尘源，采用密闭管道输送、密闭设备加工，防止粉尘外逸。

（4）"风"是指通风除尘，全面机械通风或局部机械通风，安装通风除尘器。

隔室监控

湿式碾磨

密闭管道输送

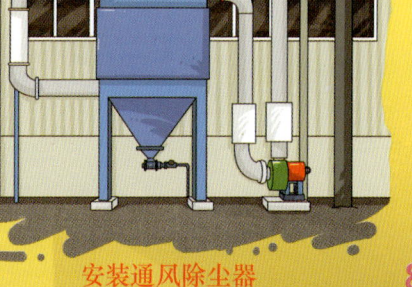
安装通风除尘器

（5）"护"是指个体防护，佩戴防尘口罩或防尘面具等。

（6）"管"是指建立健全用人单位防尘降尘制度并认真执行落实，如粉尘危害防治责任制、工作场所职业病危害因素检测评价等制度。

（7）"教"是指加强防尘工作的宣传教育，普及防尘知识，使接尘者对粉尘危害有充分的了解和认识。

（8）"查"是指职业健康检查，包括上岗前、在岗期间、离岗时职业健康检查，及早发现职业禁忌证和职业病，早发现早治疗。

个体防护

健全制度

宣传教育

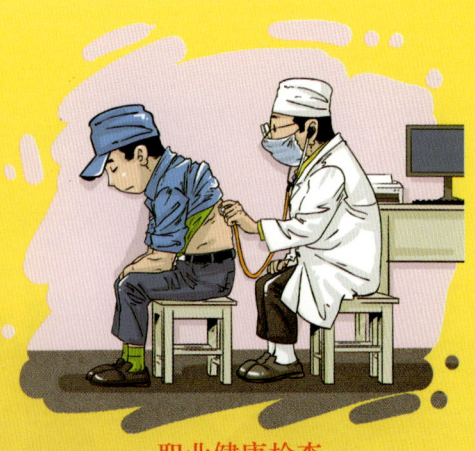

职业健康检查

55. 生产性毒物会对人体造成哪些危害？

接触生产性毒物引起的中毒称为职业中毒。生产性毒物可作用于人体的多个系统，主要表现在以下几方面：

（1）神经系统。铅、锰中毒可损伤运动神经、感觉神经，引起周围神经炎。震颤常见于锰中毒或急性一氧化碳中毒后遗症。重症中毒时可发生脑水肿。

（2）呼吸系统。一次性大量吸入高浓度的有毒气体可引起窒息；长期吸入刺激性气体会引起慢性呼吸道炎症，可出现鼻炎、咽炎、支气管炎等上呼吸道炎症；长期吸入大量刺激性气体可引起严重的呼吸道病变，如化学性肺水肿和肺炎。

（3）血液系统。铅可引起低血色素贫血，苯及三硝基甲苯等毒物可抑制骨髓的造血功能，表现为白细胞和血小板减少，严重者发展为再生障碍性贫血。一氧化碳可与血液中的血红蛋白结合形成碳氧血红蛋白，使组织缺氧。

他抖个不停，这是急性一氧化碳中毒后遗症。真可怜！

（4）消化系统。汞盐、砷等毒物大量经口进入人体时，可出现腹痛、恶心、呕吐与出血性肠胃炎。铅及铊中毒时，可出现剧烈的持续性的腹绞痛，并有口腔溃疡、牙龈肿胀、牙齿松动等症状。长期吸入酸雾，可使牙釉质破坏、脱落。四氯化碳、溴苯、三硝基甲苯等可引起急性或慢性肝病。

（5）泌尿系统。汞、铀、砷化氢、乙二醇等可引起中毒性肾病，如急性肾功能衰竭、肾病综合征和肾小管综合征等。

（6）其他。生产性毒物还可引起皮肤、眼睛、骨骼病变。许多化学物质可引起接触性皮炎、毛囊炎。接触铬、铍的人员，皮肤易发生溃疡，如长期接触焦油、沥青、砷等可引起皮肤黑变病，甚至诱发皮肤癌。酸、碱等腐蚀性化学物质可引起刺激性眼结膜炎或角膜炎，严重者可引起化学性灼伤。溴甲烷、有机汞、甲醇等中毒，可造成视神经萎缩，以致失明。有些工业毒物还可诱发白内障。

56. 生产性毒物危害的预防措施有哪些？

（1）消除毒物。从生产工艺流程中消除有毒物质，用无毒物或低毒物代替有毒物，改革能产生有害因素的工艺过程，改造技术设备，实现生产的密闭化、连续化、机械化和自动化。

（2）密闭、隔离有害物质污染源。控制有害物质逸散。

（3）加强对有害物质的监测。控制有害物质的浓度，使其低于有关国家标准规定的最高容许浓度。

（4）加强对毒物及预防措施的宣传教育。建立健全安全生产责任制、卫生责任制和岗位责任制。

（5）加强个体防护。使用防护服、防毒面具等劳动防护用品。

（6）提高机体免疫力。因地制宜地开展体育锻炼，注意休息，加强营养，做好季节性多发病的预防。

（7）接触毒物作业的人员要定期进行职业健康检查。必要时实行转岗、换岗作业。

57. 生产性噪声会对人体造成哪些危害？

生产性噪声对人体的影响是全身的、多方面的。在噪声环境中工作，人容易感觉疲劳、烦躁，以及注意力不集中、反应迟钝、准确性降低等。生产性噪声掩盖了作业场所的危险信号或警报，使人不易察觉，往往导致工伤事故的发生。长期接触强烈噪声会对人体产生以下有害影响：

（1）听力系统。在强噪声作用下，可导致永久性听力下降，引起噪声聋；极强噪声可导致听力器官发生急性外伤，即爆震性聋。

（2）神经系统。长期接触噪声可导致大脑皮层兴奋和抑制功能的平衡失调，出现头痛、头晕、心悸、耳鸣、疲劳、睡眠障碍、记忆力减退、情绪不稳定、易怒等症状。

（3）其他系统。长期接触噪声可引起其他系统的应激反应，如可导致心血管系统疾病加重，引起肠胃功能紊乱等。

58. 生产性噪声危害的预防措施有哪些？

（1）消声和隔声。采取技术措施控制噪声的产生和传播，如隔声墙、隔声罩、隔声地板等。

（2）加强个体防护。如正确使用防噪声耳塞、耳罩；改善劳动作业安排，工作日中穿插休息时间，休息时间离开噪声环境，限制噪声作业的工作时间。

（3）做好职业健康检查。接触噪声的人员应定期进行体检，以听力检查为重点，对已出现听力下降者，应加以治疗和加强观察，重者应调离噪声作业岗位。有明显的听觉器官疾病、心血管疾病、神经系统器质性疾病者，不得参加接触强烈噪声的工作。

戴防噪声耳塞能减少噪声危害。

59. 高温作业会对人体造成哪些不利影响？

（1）水盐代谢。高温作业者由于排汗增多而丧失大量水分、盐分，若不能及时得到补充，可出现工作效率低、乏力、口渴、脉搏加快、体温升高等现象。如体温上升到38℃以上时，一部分人即可表现出头痛、头晕、心慌等症状；严重者可能导致中暑或热衰竭。

（2）循环系统。表现为脉搏加快、心脏负担加重。

（3）消化系统。表现为消化道胃液分泌减少，食欲减退。高温作业人员消化道疾病患病率往往高于一般人员，而且工龄越长，患病率越高。

（4）泌尿系统。表现为尿浓缩，肾脏负担加重，有时可导致肾功能不全。

（5）神经系统。表现为中枢神经系统受抑制，注意力和肌肉工作能力降低，动作的准确性和协调性差，易发生工伤事故。

60. 防暑降温措施主要有哪些?

（1）做好防暑降温的组织保障，加强宣传教育。

（2）改革工艺，改进设备，认真落实隔热与通风的技术措施。

（3）保证休息。高温下作业应尽量缩短工作时间，可采用小换班、增加工作休息次数、延长午休时间等方法。休息地点应远离热源，应备有清凉饮料、风扇、洗浴设施等。有条件的可在休息室安装空调或采取其他防暑降温措施。

（4）高温作业人员应适当饮用合乎卫生要求的含盐饮料，以补充人体所需的水分和盐分。

（5）加强个体防护。高温作业的工作服应结实、耐热、宽大、便于操作，应按不同作业需要佩戴工作帽、防护眼镜、隔热面罩及穿隔热靴等。

（6）高温作业人员应进行就业前和入暑前体检，凡有心血管疾病、高血压、溃疡病、肺气肿、肝病、肾炎等疾病的人员不宜从事高温作业。

第四章 科学应急救护

61. 事故现场应急救护的基本原则是什么？

（1）遇到伤害事故发生时，不要惊慌失措，要保持镇静，并设法维持好现场的秩序。

（2）在周围环境不危及生命的条件下，一般不要随便搬动伤员。

（3）暂时不要给伤员饮水和进食。

（4）如发生意外而现场无人时，应向周围大声呼救，请他人帮助或设法联系有关部门，不要单独留下伤员而无人照管。

（5）遇到严重事故、灾害或中毒时，除紧急呼救外，还应立即向当地政府应急管理部门及卫生、防疫、公安等有关部门报告，报告现场在什么地方、伤员有多少、伤情如何，做过什么处理等。

（6）伤员较多时，要根据伤情对伤员分类抢救，处理的原则是先重后轻、先急后缓、先近后远。

（7）对呼吸困难、窒息和心搏停止的伤员，应立即将伤员头部置于后仰位，托起下颌，使呼吸道畅通，同时施行人工呼吸、胸外心脏按压等复苏操作，原地抢救。

（8）对伤情稳定、转运途中不会加重伤情的伤员，迅速组织人力，利用各种交通工具转运到附近的医疗机构急救。

（9）现场抢救的一切行动必须服从有关领导的统一指挥，做好协调配合。

62. 怎样做口对口（鼻）人工呼吸？

> 上次急救培训，学了人工呼吸。

（1）使处于昏迷、失去知觉或假死状态的伤员仰卧，迅速解开其围巾、领口、紧身衣扣并放松腰带，颈部下方可以适当垫起以使呼吸道畅通，切不可在头部下方垫物。同时，还应再一次检查伤员是否已停止呼吸。

（2）把伤员的头侧向一边，清除口腔中的假牙、血块、黏液等异物。如舌根下陷，应把它拉出来，使呼吸道畅通。如果伤员牙关紧闭，可用小木片、小金属片等坚硬物品从其嘴角插入牙缝，慢慢撬开嘴巴。

（3）使伤员的头部尽量后仰，鼻孔朝天，下颌尖部与前胸部大体保持在一条水平线上，如图 a 所示。这样，舌根部就不会阻塞气道。

（4）救护人员蹲跪在伤员头部的左侧或右侧，一只手捏紧伤员的鼻孔，用另一只手掰开嘴巴，如图 b 所示。如掰不开嘴巴，可采用口对鼻人工呼吸法，捏紧嘴巴，紧贴鼻孔吹气。

（5）深吸气后，紧贴掰开的嘴巴吹气，如图 c 所示。吹气时可隔一层纱布或毛巾。吹气时要使伤员的胸部膨胀，每 5 秒钟一次，每次吹 2 秒钟。

（6）吹气后，应立即离开伤员的口（鼻），并松开伤员的鼻孔（或嘴巴），如图 d 所示。

（7）在人工呼吸的过程中，若发现伤员有轻微的自然呼吸时，人工呼吸应与自然呼吸的节律相一致。当自然呼吸有好转时，可暂停人工呼吸数秒并密切观察。若自然呼吸仍不能完全恢复，应立即继续进行人工呼吸，直至呼吸完全恢复正常为止。

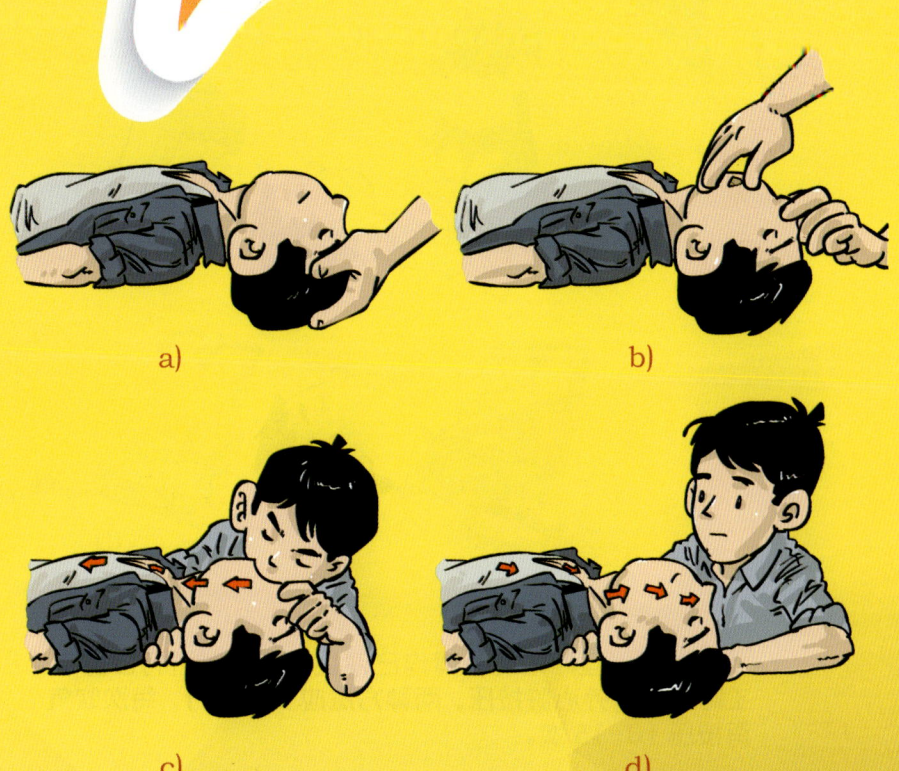

a)　　　　　　　　　　b)

c)　　　　　　　　　　d)

63. 胸外心脏按压法的基本要领是什么？

（1）使伤员仰卧在比较坚实的地面或地板上，解开衣服，清除口内异物，然后进行急救。

（2）救护人员蹲跪在伤员腰部一侧，或跨腰跪在其腰部，两手相叠，如图 a 所示。将掌根部放在被救护者胸骨下 1/3 的部位，即把中指尖放在其颈部凹陷的下边缘，手掌的根部就是正确的压点，如图 b 所示。

（3）救护人员两臂肘部伸直，掌根略带冲击地用力垂直下压，压陷深度为 3~5 厘米，如图 c 所示。成人每秒钟按压一次，太快和太慢效果都不好。

（4）按压后，掌根迅速全部放松，让伤员胸部自动复原。放松时掌根不必完全离开胸部，如图 d 所示。

按以上步骤连续不断地进行操作，每秒钟一次。按压时定位必须准确，压力要适当，不可用力过大过猛，以免挤压出胃中的食物，堵塞气管，影响呼吸，或造成肋骨折断、气血胸和内脏损伤等。也不能用力过小而起不到按压的作用。

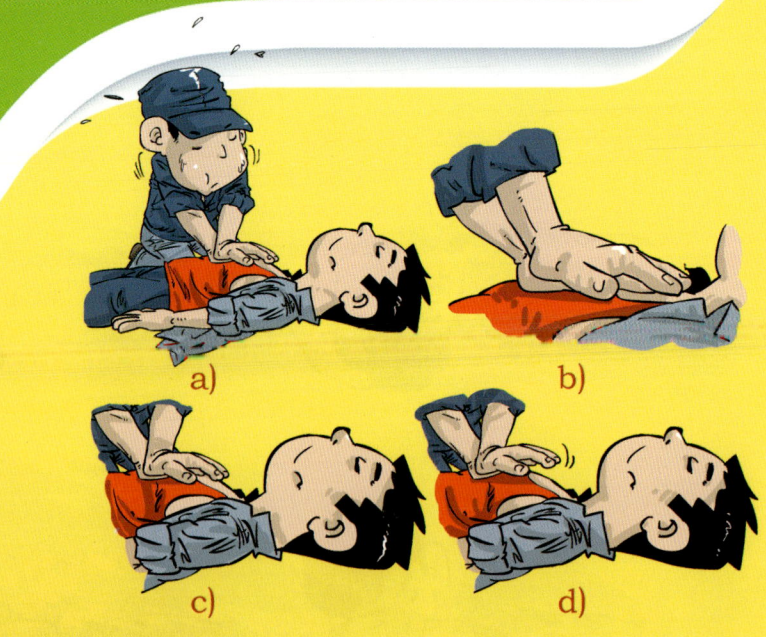

a) b) c) d)

小贴士 伤员一旦呼吸和心搏均已停止，应同时进行口对口（鼻）人工呼吸和胸外心脏按压。两种方法应交替进行，每次吹气 2~3 次，再按压 10~15 次。

64. 发生触电怎样急救？

（1）脱离电源。发现有人触电后，应立即关闭开关、切断电源。同时，用木棒、皮带、橡胶制品等绝缘物品挑开触电者身上的带电物体。立即拨打报警求助电话。需防止触电者脱离电源后可能的摔伤，特别是当触电者在高处的情况下，应考虑采取防摔措施。

（2）解开妨碍触电者呼吸的紧身衣服，检查触电者的口腔，清理口腔黏液，如有假牙，则应取下。

（3）立即就地抢救。当触电者脱离电源后，应根据触电者的具体情况，迅速对症救护。现场应用的主要救护方法是人工呼吸法和胸外心脏按压法。应当注意，急救要尽快进行，不能等候医生的到来，在送往医院的途中，也不能中止急救。

（4）如有电烧伤的伤口，应包扎后到医院就诊。

小贴士 有资料表明，从触电后1分钟开始救治者，90%有良好效果；从触电后6分钟开始救治者，10%有良好效果；而从触电后12分钟开始救治者，救活的可能性很小。

05. 发生火灾如何避险与逃生？

（1）沉着冷静，辨明方向，迅速撤离危险区域。如果火灾现场人员较多，切不可慌张，更不要相互拥挤、盲目跟从或乱冲乱撞、相互踩踏，以防造成意外伤害。

火灾时千万不要乘坐普通电梯。

（2）在高层建筑中，电梯的供电系统在火灾发生时会随时断电。因此，发生火灾时千万不可乘普通电梯逃生，而要根据情况选择进入相对安全的楼梯、消防通道、有外窗的通廊等。此外，还可以利用建筑物的阳台、窗台、天台屋顶等攀到周围的安全地点。

（3）在救援人员不能及时赶到的情况下，可以迅速利用身边的绳索或床单、窗帘、衣服等自制成简易救生绳，有条件的最好用水浸湿，然后从窗台或阳台沿绳缓滑到下面楼层或地面；还可以沿着水管、避雷线等建筑结构中的凸出物滑到地面安全逃生。

（4）暂避到较安全的场所，等待救援。假如用手摸房门已感到烫手，或已知房间被大火或烟雾围困，此时切不可打开房门，否则火焰与浓烟会顺势冲进房间。这时可采取创造避难场所、固守待援的办法。应关紧迎火的门窗，打开背火的门窗，用湿毛巾或湿布条塞住门窗缝隙，或者用水浸湿棉被蒙上门窗，并不停地泼水降温，同时用水淋透房间内的可燃物，防止烟火侵入。

（5）设法发出信号，寻求外界帮助。被烟火围困暂时无法逃离的人员，应尽量站在阳台或窗口等易于被人发现和能避免烟火近身的地方。白天可以向窗外晃动颜色鲜艳的衣物；晚上可以用电筒不停地在窗口闪动或者利用敲击金属物、大声呼救等方式，引起救援人员的注意。

小贴士

　　火灾撤离时要朝明亮或外面空旷的地方跑，同时尽量向楼梯下面跑。进入楼梯间后，在确定下面楼层未着火时，可以向下逃生，决不能往上跑。若通道已被烟火封阻，则应背向烟火方向撤离，通过阳台、气窗、天台等往室外逃生。如果现场烟雾很大或断电，能见度低，无法辨明方向，则应贴近墙壁或按指示灯的指示摸索前进，找到安全出口。
　　如果逃生要经过充满烟雾的通道，为避免浓烟呛入口鼻，可使用湿毛巾或口罩蒙住口鼻，同时使身体尽量贴近地面或匍匐前行。穿越烟火封锁区时，可向头部、身上浇水或用湿毛巾、湿棉被、湿毯子等将头和身体裹好，再冲出去。

66. 发生生产性中毒窒息事故如何救护？

（1）通风。加强全面通风或局部通风，用大量新鲜空气对中毒区的有毒有害气体浓度进行稀释冲淡，待有毒有害气体浓度降到容许浓度时，方可进入现场抢救。

（2）做好防护工作。救护人员在进入危险区域前必须戴好防毒面具、自救器等防护用品，必要时也应给中毒人员戴上。迅速将中毒人员从危险的环境转移到安全、通风的地方。

（3）如果是一氧化碳中毒，中毒人员还没有停止呼吸，则应立即松开中毒人员的领口、腰带，使中毒人员能够顺畅地呼吸新鲜空气；如果情况严重，选择采取人工呼吸和胸外心脏按压等措施。

（4）对于硫化氢中毒人员，在进行人工呼吸之前，要用浸透食盐溶液的棉花或手帕盖住中毒人员的口鼻。

（5）如果是瓦斯或二氧化碳窒息，情况不太严重时，可把窒息人员移到空气新鲜的场所稍作休息；若窒息时间较长，要进行人工呼吸抢救。

（6）如果毒物污染了眼部和皮肤，应立即用水冲洗；对经口途径的中毒人员，应设法催吐，简单有效的办法是用手指刺激咽喉，若误服腐蚀性毒物，可口服牛奶、蛋清、植物油等对消化道进行保护。

（7）对处于昏迷状态的中毒人员，现场采取必要措施后，尽快送往医院进行急救。

67. 发生热烧伤如何救护？

火焰、开水、蒸汽、热液体或固体直接接触人体引起的烧伤，都属于热烧伤。热烧伤的救护方法如下：

（1）轻度烧伤尤其是不严重的肢体烧伤，应立即用清水冲洗或将患肢浸泡在冷水中10~20分钟，如不方便浸泡，可用湿毛巾或布单盖在患部，然后浇冷水，以使伤口尽快冷却降温，减轻损伤。穿着衣服的部位如烧伤严重，不要先脱衣服，否则易使烧伤处的水疱、皮肤一同撕脱，造成伤口创面暴露，增加感染机会。而应立即朝衣服上面浇冷水，待衣服局部温度快速下降后，再轻轻脱去衣服或用剪刀剪开褪去衣服。

（2）若烧伤处已有水疱形成，则小水疱不要随便弄破，大水疱应到医院处理或用消过毒的针刺小孔排出疱内液体，以免影响创面修复，增加感染机会。

　　（3）烧伤创面一般不做特殊处理，不要在创面上涂抹任何有刺激性的液体或不清洁的粉或油剂，只需保持创面及周围清洁即可。较大面积烧伤用清水冲洗清洁后，最好用干净纱布或布单覆盖创面，并尽快送往医院治疗。

　　（4）火灾引起身上衣物起火时，遇险人员应立即脱去着火的衣服，如果一时难以脱下来，可卧倒在地滚压灭火，或用水浇灭火焰。遇险人员切勿带火奔跑或用手拍打，否则可能使得火借风势越烧越旺，将手烧伤，也不可在火场大声呼喊，以免导致呼吸道烧伤。

68. 发生眼外伤如何救护？

（1）轻度眼伤，如眼进异物，可叫现场同伴翻开眼皮用干净的手绢、纱布将异物拨出。如眼中溅入化学物质，要及时用水冲洗。

（2）重度眼伤，可让伤者仰躺，施救者设法支撑其头部，并尽可能使其保持静止不动，千万不要试图拔出插入眼中的异物。

（3）见到眼球鼓出或从眼球脱出东西，不可把它推回眼内，这样做十分危险，可能会把能恢复的伤眼弄坏。

（4）立即用消毒纱布轻轻盖上伤眼，如没有纱布可用刚洗过的干净的毛巾覆盖，再缠上布条，缠时不可用力，以不压及伤眼为原则。

做完上述处理后，立即送医院再做进一步的治疗。

69. 发生高处坠落事故如何救护？

高处坠落造成的伤害主要是脊椎损伤、内脏损伤和骨折。为避免抢救方法不当使伤情扩大，抢救时应注意以下几点：

（1）发现坠落伤员，首先看其是否清醒，能否自主活动。若能站起来或移动身体，则要让其躺下用担架抬送或用车送往医院。因为某些内脏伤害，当时可能感觉不明显。

（2）若伤员已不能动或不清醒，切不可乱抬，更不能背起来送医院，这样做极容易拉脱伤者脊椎，造成永久性伤害。此时应进一步检查伤者是否骨折。若有骨折，应采用夹板固定。

（3）送医院时应先找一块能使伤者平躺的木板，然后在伤者一侧将小臂伸入伤者身下，并由人分别托住头、肩、腰、腿等部位，同时用力，将伤者平稳托起，再平稳放在木板上，抬着木板送医院。

（4）若坠落在地坑内，也要按上述程序救护。若地坑内杂物太多，应由几个人小心抬抱伤者，放在平板上抬出。若坠落地井中，无法让伤者平躺，则应小心地将伤者抱入筐中吊上来。施救时应注意严禁让伤者脊椎、颈椎受力。

70. 发生中暑如何救护？

在既有高温，同时还伴有空气湿度大或者热辐射强而风速又小的环境中作业，再加上劳动强度过大、作业时间过长，此时作业人员极易发生中暑。轻度中暑的初期症状为头晕、眼花、耳鸣、恶心、心慌、乏力。重度中暑患者会出现体温急速升高、突然晕倒或痉挛等情况。

对中暑患者的现场急救原则是：对轻度中暑患者，应立即将其移至阴凉通风处休息，擦去汗液，给予适量的清凉含盐饮料，并可选服人丹、十滴水、避瘟丹等药物，一般患者可逐渐恢复。对重度中暑患者，必须立即送往医院救治。

师傅，含盐饮料和解暑药找到了。